L 329/318

sol×solの懶人多肉小風景

多肉×仙人掌 迷你造景花園

CONTENTS

前言

多肉植物的魅力，除了美麗的色彩和外型、
容易照顧等眾多特色之外，還有一項特色是精緻小巧。
將剛長出來還很稚嫩的小仙人掌，
擺成和成熟的大仙人掌相同的樣子，便能欣賞到它小巧而成熟的姿態。
甚至會讓你不禁讚嘆「明明那麼小，卻長得好精緻！」
而能夠更加欣賞到多肉精緻小巧的方法，那就是造景盆栽了。

造景盆栽是指在小容器中
配置小型多肉植物，重現庭園景觀。
造景的歷史非常悠久，甚至可以追溯到江戶時代。
從古老時期便受到眾人喜愛的庭園文化，
若以多肉植物來表現，將會是個多麼有趣的世界呀！
產生這樣的想法後，我便開始打造多肉植物的庭園。
本書所說的造景和一般組合盆栽的差別在於，
每一個造景中，都有著一段故事。
只需將植物和喜愛的雜貨組合在一起，
便能展開一段以它們為主角的故事。
你也一起來試試看，抱著玩心自由地組合吧！

歡迎來到全新的造景盆栽世界！

sol×sol 松山美紗

小型
造景盆栽

第一次作造景盆栽！

為了這樣的你，特別準備了初級尺寸的造景盆栽。

使用的植物數量較少，可以當作小巧的室內裝飾。

當禮物也很適合喔！

珠寶盒

木盒的質感和多肉植物特別搭配，又充滿自然感。

表面覆蓋一些椰子纖維以遮蓋土壤。

如果水澆太多，盒子也會受影響，

因此以喜歡乾燥的擬石蓮屬為主。

A 粉紅佳人

B 千代田之松

C 花司

D 紫麗殿

E 桃之嬌

F 靜夜

多肉潘趣酒

有如水果潘趣酒般繽紛又活潑的外型。

以帶有色彩的紅葉多肉植物為主，

土壤上覆蓋滿滿收集而來的鈕釦，

只要鋪上鈕釦，就能帶來相當大的變化呢！

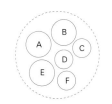

A	月影
B	葉美人
C	老樂
D	乙女心
E	法雷
F	老樂

兔子之庭

月兔耳在多肉植物中一直很受歡迎，
是相當知名的品種。
長滿天鵝絨般細毛的葉片，觸感令人愛不釋手。
就搭配兔子模型來組合吧！

A 福兔耳
B 黑兔耳

溫室

玻璃盆栽就像個迷你溫室。

種入仙人掌，就成了一座立體的庭園。

360°都能看得清清楚楚！

連根的生長情況都能觀察到，非常有趣唷！

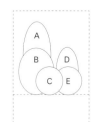

A 白樺麒麟
B 青海波
C 麗盃閣
D 大羽錦
E 十二之卷

咖啡日和

雖然光是將多肉種在

喜歡的馬克杯裡就很可愛了，

但如果再挪出一點空間，

放入喜歡的小擺飾，

就能更提升可愛感喔！

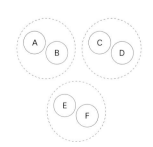

A 玉葉
B 艾格力旺
C 金手指
D 福祿龍神木
E 千兔耳
F 粉紅佳人

果醬罐 & 積木

老舊的果醬罐，

外型的線條漂亮，顏色也很美，

色澤和多肉植物更是匹配，

在跳蚤市場看到它後，便忍不住帶回家了。

加上古典積木一起組合吧！

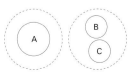

A 千兔耳
B 黃麗錦
C 葉美人

是不是常覺得一些紙盒很高級漂亮，

總是捨不得丟，而蒐集了很多呢？

那就將它改造成盆栽吧！

裡面放入不含水的吸水海綿，

鋪上青苔，再插入剪切下來的多肉植物。

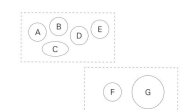

A 法雷

B 南十字星

C 小銀箭

D 天使之雫

E 小匙

F 虹之玉

G 法雷

可露麗×3

在可露麗的模型裡種入仙人掌，

再放入字母飾品裝飾。

尖銳的仙人掌加上這些擺飾，

看起來更加可愛了，非常推薦這樣的組合喔！

A 象牙團扇
B 老樂柱
C 黃棘象牙團扇
D 金手指
E 牙買加天輪柱
F 福祿龍神木

酒吧吧台

將迷你仙人掌種在玻璃杯中,
加上一些小陶偶Feves。
Feves是指放入法國甜點
國王派中的陶製小模型。
據說在法國,
這種小陶偶會帶來幸運呢!

A 虹之玉錦　　F 牙買加天輪柱
B 靜夜　　　　G 金手指
C 乙女心　　　H 越天樂
D 老樂柱　　　I 象牙團扇
E 象牙團扇

醫藥箱

古典的醫藥箱，

當時似乎是掛在牆上使用的。

在箱中放幾盆多肉裝飾，看起來就像一幅畫。

利用牆面來作造景，

宛如直立型的庭園，新鮮又有趣呢！

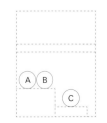

A 象牙團扇
B 牙買加天輪柱
C 青柳

前進吧！多肉植物

你沒看錯，就是以拖鞋來搭配喔！

大型種的擬石蓮屬不適合採用葉插法，

所以先以扦插法繁殖，待長出根後再種到土裡。

在種入土壤前，像這樣裝飾起來讓它乾燥也很不錯喔！

| **A** Giant Blue

貓咪鍋

將可愛的貓咪擺飾和多肉一起放入牛奶鍋中，

配合鍋子的顏色，選擇了色彩較深的多肉。

白貓玩偶是這個作品的亮點。

購買時便附在鍋柄上的粉色標籤，也直接保留下來。

A 高砂之翁

B 古紫

C 卡魯切

同樣是黃色馬口鐵製成的澆花壺和保存罐。

兩隻金絲雀裝飾，也和多肉植物的色調非常搭。

葦仙人掌屬是附生於樹枝上的，

這副景象讓人忍不住想像原產地的風光，

是不是真的就是這樣呢？

金絲雀的棲木

A 葦仙人掌屬

農夫的早晨

大樹下，農夫正辛勤地工作著。

有塊根的祖魯恩西斯，看起來生氣蓬勃。

將冰棒棍作成像柵欄的樣子，

擺上幾隻小豬擺飾。

當植物越長越大，整體平衡就顯得更加有趣。

A 祖魯恩西斯

雞蛋孵化中

將雞蛋開個小洞，倒出裡面的蛋黃與蛋白。

洗乾淨後，種入多肉植物。

而在尋找搭配的蛋盒時，

也發現各種不同的款式，好買又有趣呢！

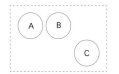

A 月兔耳

B 白石

C 回顏美人

綠色罐沙拉

配合玻璃容器的透明感，
種入鷹爪草屬的多肉。
再配合鷹爪草屬的綠色，
加上比較愛水的大戟屬多肉。
旁邊裝飾一隻以點心模型作出來的
紙黏土貓及叉子當裝飾。

A 青雲之舞
B 怪魔玉
C 姬玉露

景天之庭

以麵粉篩搭配景天屬多肉。

因為麵粉篩的底部是網狀的，能夠排水，

最適合種植夏天怕悶熱的景天屬。

而景天屬是匍匐性，成長後會往下垂墜。

| A 姬星美人

最後一口

將種有仙人掌的苔球放在湯匙上。

因為仙人掌有重量，所以必須先在苔球下方放入石頭，

再一起以水苔包覆起來，保持穩固。

放在窗邊，也不失為一幅美景喔！

A 拍拍

B 紫太陽

C 小町

去購物吧！

像這樣將多肉植物帶著走似乎也不錯，

不過裝飾在房間的一角，也是美得像畫。

傾洩而下的綠之鈴，

像是要從袋中溢出一般，蓬勃地生長。

A 綠之鈴

動物模型

這次為了製作造景盆栽，搜尋了一些模型類的小飾品，以樹脂作的模型每個都非常精巧，讓我感到很驚訝。

說到經典的模型，應該是鐵道模型吧？原先我抱著這樣的想法去找，結果卻沒什麼收穫，心裡想著：「該不會要自己動手作了吧？」讓手並不巧的我，心先涼了半截。接著，我想到如果要找什麼都有的雜貨店，那就是東急Hands了，沒想到那裡有非常多的選擇呢！於是就在這裡購買了人物和動物的模型。模型的大小好像有既定的標準，店員熱心地介紹說這個是幾分之幾，那個是幾分之幾。尺寸都很剛好，可以一起使用。聽了店員專業的介紹，總覺得興致也變得高昂了。動物和人物都是德國製的，為什麼是德國呢？稍微調查一下，發現德國擁有世界最大的鐵道模型館，是模型製造的大本營。所以說到模型，就想到德國！因為是進口貨，所以人物模型價格不斐，不過擺放上一些玩偶，馬上就能夠表現出庭園的感覺，還是很推薦這樣的作法喔！

中型
造景盆栽

對造景盆栽的製作熟練之後,可以挑戰稍微大一點的尺寸。

本篇示範了幾種,配置較多植物,很有存在感的造景盆栽。

是能夠自由展現出你所喜愛的世界觀的尺寸。

時計之森

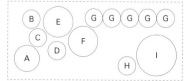

A 乙女心　　F 峨嵋山
B 福禄龍神木　G 金手指
C 月兔耳　　　H 乙女心
D 小銀箭　　　I 金色光輝
E 銀盃

在小玻璃盒中，打造了庭園的一景。

仙人掌森林前，裝飾了幾個手錶的面盤，

奇妙的世界便逐漸拓展開來。

最後加上農夫模型和雞的模型，為庭園增色。

將多肉植物密集地組合起來，作成像森林一般。並排列出高低層次，會比較有立體感。

手錶的面盤像柵欄般直立著，勾勒出奇幻的氛圍。

繪畫框景

將抽屜的標示板當作畫框,
放置在植物周圍,以大頭針固定後,
看起來就像幅立體畫。長得越大就越是立體,
是一盆會俏皮變換姿態的盆栽。

石頭玉屬和其他多肉植物的性質不同，單株種植會比較好照顧。

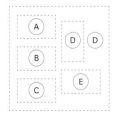

A 金手指
B 白閃冠
C 金晃丸
D 葉美人
E 十字姬星美人

以大頭針固定標示板。以多肉長大後會稍微超出外框的位置最佳。

綠色珠寶盒

盒中預先裝有不含水的吸水海綿。

只要直接將無根的多肉插上去即可。

以綠色為基調，匯集了多種同色系的多肉。

色調統一，看起來就很美麗。

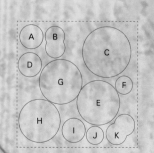

A 春萌
B 卷絹
C 卡魯切
D 神想曲
E 銘月
F 花司
G 銘月
H 黃麗
I 春萌
J 小圓刀
K 托魯雅邪

粉紅色珠寶盒

將過度徒長的多肉植物剪下，
待乾燥後扦插。
因為不需要剪好立刻插，
乾燥後再插即可，趁著等待乾燥的時間，
拿來布置一下也很不錯喔！

A 瑪格麗特
B 姬朧月
C 秋麗
D 白牡丹
E 普雷林斯
F 法雷
G 初戀
H 立田

身高較勁

是讓多肉植物看起來最漂亮的組盆方式。

從最旁邊開始，依喜好的外型和顏色，

一邊調整平衡，一邊種入。

迷你植株整齊地排成一列，每株都能充分顯出個性。

A	短毛丸	G	櫻吹雪
B	猩猩丸	H	象牙團扇
C	虹之玉錦	I	黃棘象牙團扇
D	白樺麒麟	J	琉璃晃
E	金手指	K	武藏野
F	大正麒麟		

由九種多肉組合而成的盆栽容器，
原本似乎是檢查用的器具。
擺上樂譜後，彷彿能夠聽見輕快的音樂。
將多肉擺得鬆散一點，露出土壤，
每一株植物的外型與色彩便更加顯眼。

A 小圓刀
B 美空鉾
C 蘿拉
D 松蟲
E 迷你蓮
F 火祭
G 月兔耳
H 花麗
I 夢椿

A	B	C
D	E	F
G	H	I

海邊的風景

帶著淺水藍色的美麗玻璃盆。

為了配合盆缽，植物也以淺色系為主。

中央放一個舊玻璃瓶裝飾。

種植前先擺好玻璃瓶，

確認好足夠的空間後，再種入多肉。

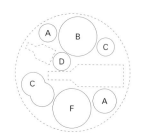

A 白牡丹
B 長葉千代田之松
C 姬朧月
D 小銀箭
E 姬朧月
F 黛比

教會的早晨

想像著一座有著大樹的教堂，所打造而成的景色。

小匙就像顆紀念樹一樣，直直地往上伸展。

土壤部分以乾燥的綠色苔草覆蓋，

表現出一體感。

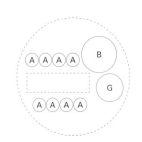

A 白石
B 小匙
C 夢椿

花圈

有著永遠含意的花圈，
可以在中央加上祝福小卡當作禮物。
如果長大變長，只要將它剪短，
待切口乾燥後，再插入同樣的位置，
就能不破壞外形繼續欣賞了。

放入小卡後送給對方，一定會很開心！雖然寫得不好，但還是手寫最有誠意了。

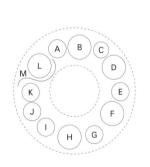

A 姬朧月
B 粉紅佳人
C 紅葉祭
D 白閃冠
E 秋麗
F 回顏美人
G 立田
H 金色光輝
I 瑪格麗特
J 秋麗
K 虹之玉
L 金色光輝
M 綠之鈴

將高度調整成一致，看起來更整齊漂亮。

| 南國小島 | 將色彩繽紛，有如水果般的多肉組合在一起。
選擇顏色鮮豔的多肉植物，
再加上仙人掌，看起來就更有個性了。
鸚鵡則是扭蛋扭到的玩具。 |

盆中種入滿滿的多肉植物，打造如森林般的氛圍。

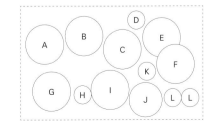

A 黃麗	G 初戀
B 銀盃	H 樹冰
C 赤棘黃金司	I 白星山
D 金手指	J 小銀箭
E 櫻吹雪	K 秋麗
F 沙漠鳳梨	L 白石

鳥巢

以稻草作成的鳥巢，給人樸實的印象。

巢中塞入一些水苔，

隨意種上多肉植物。

如果種植耐寒的景天屬或長生草屬，

一整年都可以欣賞到它的風姿。

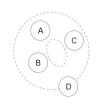

A 銀箭
B 虹之玉
C 卷絹
D 虹之玉

玻璃圓罐

在玻璃器皿中種植植物的玻璃盆栽，

從以前就相當受歡迎。

容器中不需要放滿土，

重點是盡量種得低一點。

栽種時可以鑷子或湯匙輔助。

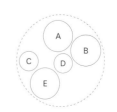

A 豔鶴丸
B 猿戀葦
C 十二之卷
D 拍拍
E 大型姬玉露

在松鼠前面空出一塊地,更能增添故事感。

將盆缽前方留白,後側的部分則裝飾成庭園般的樣子。

盆裡種植許多看起來較生動的多肉植物。

地上插幾支英國製的線軸,

前面放隻松鼠,就完成了這幅淡雅的美景。

新玉綴將來的成長姿態,很令人期待。

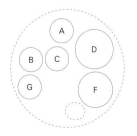

A 雨心
B 金色光輝
C 雨心錦
D 新玉綴
E 白石
F 女雛

烏龜的家

質感乾硬的仙人掌,和烏龜模型特別相襯。

烏龜拚命爬上仙人掌的樣子,也讓人忍不住會心一笑。

為了讓烏龜顯眼一點,盆缽和植物特地選擇色彩較低調的類型。

烏龜模型和鸞鳳玉的質感奇妙地很搭配。似乎能聽到「嘿咻！」的聲音呢！

帶有透明感的姬玉露。專注欣賞一株株緊挨在盆中的植物，也相當有趣。

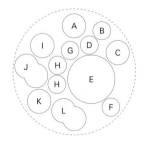

A 靜鼓
B 十二之爪
C 青雲之舞
D 天守之星
E 鸞鳳玉
F 十二之爪
G 金手指
H 越天樂
I 猩猩丸
J 天守之星
K 姬玉露
L 鼓笛

白色珠寶盒

盒中塞滿白色乾燥花，
剪下一朵螺旋型的多肉裝飾在上面。
芽插繁殖時，發根前要讓它保持乾燥，
像這樣裝飾起來，等它發根也很不錯呢！

A

A 玉蝶

茶色珠寶盒

茶色的部分是香氛乾燥花。

因為多肉植物沒有香氣,將它和香氛乾燥花等

帶有香氣的物件一起當作禮物,收到的人應該會很開心吧!

加上幾枝乾燥的虞美人果實,

來搭配搶眼的粉紅色多肉植物。

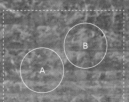

A 姬朧月
B 朧月

將綠色的多肉植物聚集起來。

有著各種漂亮的綠色漸層，

往上或向下生長的品種，讓人特別期待它們成長的姿態。

植物漸漸長大後，擺飾便會隱匿在它們的密葉之中。

A 珊瑚大戟
B 大唐米
C 白閃冠
D 姬星

秋日散步小徑

以紅色為主，集合多種暖色系多肉。
在多肉植物的縫隙間，加上蛋殼和
設計可愛的古道具，看起來更熱鬧有趣。
中央的花麗，是會經常開花的美麗品種。

A 火祭
B 花麗
C 白石
D 虹之玉錦
E 金手指

51

　　說到造景盆栽，通常會搭配建築物或人物模型。但可惜的是，塑膠製的建築物或交通工具模型，和多肉植物並不搭。因此我在找尋有什麼東西可以和多肉植物搭配時，發現以前因為可愛而購買的小雜貨、捨不得丟掉的鈕釦和線軸、小瓶子等，竟意外地能派上用場。特別是外國製的雜貨，商標的印刷很時髦、設計也可愛，能夠成為盆栽中的亮點。蛋殼也可以放入盆栽中，將有開洞的位置朝下，看起來就像個擺飾，非常好用。圖中右上方綠色的圓形珠珠是礦石，礦石除了有各式各樣的顏色和形狀，價格也意外地低廉。可以選用喜歡或適合多肉的種類來作搭配。為了製作造景盆栽，以後這些寶物應該會不斷地增加下去，好像意外地很花錢呢！？

大型
造景盆栽

雖然尺寸比較大,但製作上並不會比較困難。

按照各種植物的特性(喜歡水、喜歡乾燥等),

選擇相近的種類,愉快地進行組合吧!

森林集會

以喜歡水的仙人掌和
鷹爪草屬品種為主的組合盆栽。
生鏽盆缽的鐵鏽色,
襯托出植物白色尖刺的美麗。
種植時將同樣的品種擺在一起,
就能打造出美麗的景象。

在植物之間放入石頭,看起來就像長著高山植物的美景。

威風凜凜地站在仙人掌森林中的小鹿,正朝著這邊看呢!

仙人掌的花朵綻開時,就彷彿春天來臨。當花一綻放,心也不禁雀躍起來。

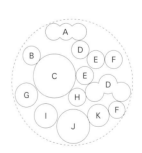

A	鼓笛	G	京之華
B	大和美尼	H	女雛
C	豔鶴丸	I	武藏野
D	紅小町	J	大型姬玉露
E	紫麗殿	K	緋花玉綴化
F	寶草		

風之谷

仙人掌有著毛茸茸的細毛和
銳利的尖刺兩種特色。
群生的白色仙人掌群，
醞釀出有如胞子般不可思議的奇妙氛圍。

銀毛球屬的仙人掌，前端部分會開出好幾朵花，形成皇冠型。

武藏野的白色尖刺相當美麗，洋溢著活潑生動的氣息。

以英文報紙作成蝴蝶花插，妝點盆栽。
可以多多利用身邊的小東西喔！

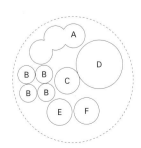

A 粉妮芙（Pink Nymph）

B 老樂柱

C 玉翁

D 長棘短毛丸

E 武藏野

F 白星

園藝師的日常作業

將黃金花月當作一棵樹，
多肉植物配置成有如一座庭園。
前方是仙人掌園，穿過小路，對面是各式各樣的植物。
最後放入正在照顧庭園的園藝師模型，就完成了！

德國製的園藝師模型。因為是復古系列主題，服裝也是古典風，非常漂亮。

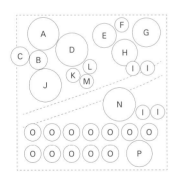

A 秋麗	**I** 虹之玉
B 姬朧月	**J** 黃金圓葉萬年草
C 八千代	**K** 八千代
D 花麗	**L** 美空鉾
E 小銀箭	**M** 春萌
F 秋麗	**N** 卷絹
G 大唐米	**O** 玉翁
H 黃金花月	**P** 苟布威布久伊

黃金花月是三色花月錦的黃色帶斑品種。
葉色鮮明，就像一株令人印象深刻的小樹。

多肉日曆

日曆部分是在小石頭上蓋數字印章。

如果收集不到大小適中的小石頭，以紙黏土製作代替也可以。

當更換月份時，就將順序改變一下。這樣每天都能欣賞植物成長的樣子囉！

以印章蓋上日期。石頭的大小不一，看起來更有美感。

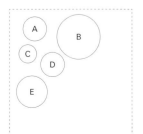

A 拍拍
B 青柳
C 赫爾瑪
D 大型姬玉露
E 曲水之宴

為了能放在室內欣賞，以即使光照較少也容易生長的鷹爪草屬為主。

雞的庭園

在古董市場裡買到了雞造型的線香座。
為了讓紅色的雞冠更顯眼，
植物以有著漂亮綠色的景天屬為主。
再加入蛋殼裝飾。整體色彩非常協調，
看起來特別自然。

裝飾幾個蛋殼，彷彿母雞在虹之玉下方下了顆蛋般。

以匍匐性的景天屬為主，
配置成低矮茂盛的樣子。

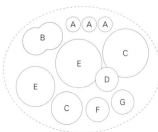

A 姬朧月

B 虹之玉

C 圓葉萬年草

D 立田

E 小酒窩

F Purple Haze

G 姬朧月

流冰世界

在仙人掌裡發現北極熊！
雖然仙人掌和北極熊不可能在自然界共存，
但能夠作出這樣的景象，也是造景盆栽的趣味之處。
請欣賞這對意外的組合吧！

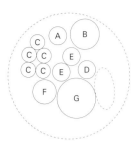

A 女雛
B 白星
C 小町
D 葉美人
E 老樂柱
F 大福丸
G 刺無王冠龍

長出漂亮紅葉的女雛。看起來就像朵花一樣。

仙人掌的旁邊小芽群生，長得很茂盛。

北極熊母子的模型。

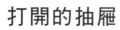

打開的抽屜

將分隔用的盒子放入紙盒中，
一個個種入仙人掌。
雖然都稱為仙人掌，
但卻有各式各樣的外型和姿態，真是有趣！
還可以依心情變換盒內的位置。

將仙人掌的名字分別寫在貼紙上貼起來，代替標籤。

放在椅子上，看起來更有
存在感。也可以搭配上喜
歡的家具。

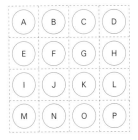

A 越天樂　　　　I 琉璃晃
B 象牙團扇　　　J 金晃丸
C 白樺麒麟　　　K 肉錐花屬
D 紫太陽　　　　L 海王丸
E 牙買加天輪柱　M 福祿龍神木
F 猩猩丸　　　　N 紅小町
G 幻樂　　　　　O 金洋丸
H 大正麒麟　　　P 石頭玉

織錦畫

使用歐洲庭園常見的多肉植物，作成一幅織錦畫。

在扁盤上密集地重現了畫的樣子。

將同樣的品種以放射狀種植，形成的圖樣非常美麗，

表現出和一般組合盆栽不同的氛圍。

高度盡量一致，沒有太多落差，圖樣會比較明顯。

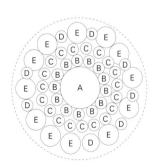

A 花麗
B 月兔耳
C 姬朧月
D 法雷
E 秋麗

使用像高腳盤之類有高度的器皿，更能形成一幅特別的美景。

69

　　本次的力作，應該是石頭（笑）。平常我就很喜歡石頭，去河邊散步時，發現大小適中的石頭就會帶回家，但這次要製作日曆時，發現手上的石頭都太大了，沒辦法使用。因此我決定自己來作適合的石頭，這就是我開始DIY的契機。「如果沒有就自己作吧！」我這樣想著，去買了紙黏土回來。意外地很簡單，一下子就作了好幾顆。因為是手工製作，沒辦法作得完全一樣，但反而看起來比較自然。數字不用手寫，而是以印章蓋，雖然麻煩，但比較有一致性。因

為這次使用了真的石頭加紙黏土石頭，所以紙黏土沒有混色，如果混一點色，其實也不錯。貓咪則是以餅乾模型壓出的紙粘土。餅乾模型有各種尺寸、形狀，如果使用有色的紙黏土，就能作更多變化，非常有趣。手不巧也沒關係！自己動手作，會投注更多心力，作出很棒的作品。找不到喜歡的小雜貨時，就自己作看看吧！

STEP **4**

漂亮製作
造景盆栽的方法

本篇的主題除了造景盆栽的作法，
也整理了配合多肉植物特徵與性質的
繁殖方法和種植方式。
作好造景盆栽後，就盡情享受多肉生活吧！

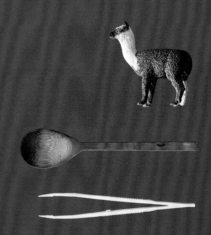

造景盆栽的作法

在小小的盆缽中，打造一個喜愛的空間。這就是造景盆栽的樂趣。
以下就依步驟來介紹封面作品的作法。
當然這個作法並非絕對的答案。
你可以依自己的喜好，創作一個自由的空間。

▶本篇介紹P.60的造景盆栽製作方式。

準備用品

- ●土
- ●填土器
- ●鑷子
- ●各種小石頭
- ●數字印章
- ●肥料
- ●盆缽

- ●多肉植物
  （由左上至右）
  青柳・曲水之宴
  拍拍・大型姬玉露
  赫爾瑪

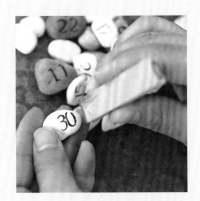

1 紙黏土捏成石頭形狀，乾燥固定後，蓋上數字印章。

2 將植物實際排在盆栽中，觀察整體色調，決定如何配置。

3 配置決定好後，在要種入植物的位置放一小搓肥料。

4 首先先從比較好種的左上拍拍開始種。

5 接下來種好旁邊的青柳後，再種入下方的赫爾瑪。

6 旁邊種入大型姬玉露後，最後種入曲水之宴。

7 全部種好後，以填土器將土填入並整平。

8 放入裝飾用石頭，和步驟1作好的日曆石頭。

完成。

✦ 工具 & 材料

製作多肉植物、仙人掌造景盆栽必備的基本工具，只有以下幾樣。
只要有這些工具，就能夠種好、栽培好多肉植物。
沒有完全一樣的工具也沒關係。
挑選自己喜歡的工具也是一種樂趣呢！

1 填土器

填土時用的工具。有各種尺寸，可依照盆缽的尺寸分別使用。

2 擺飾

種好植物後，用來裝飾的小物。到雜貨店或古物店找尋喜愛的擺飾吧！

3 多肉植物用肥料

種植時，放入少量當作基肥。

4 澆水壺

澆水時使用。壺嘴細的比較方便。

5 湯匙

要將土鏟入小空間時，湯匙比填土器好用。進行細微作業時也可使用。

6 鑷子（大・小）

必備工具！在處理仙人掌、除去枯葉、種植時都會用到。依用途分別使用不同尺寸。

7 多肉植物用土壤

多肉植物專用的混合土。以小顆粒的赤玉土為基礎，再混入砂或碳化稻殼※。

可以在sol×sol的官網上購買到多肉植物的專用土壤和肥料。
http://www.solxsol.com

補充水分

多肉植物的原產地幾乎都是乾燥地，因此多肉植物的特質就是非常耐旱。
稍微偷懶不澆水也不會枯萎，反而要注意不可補充過多的水分。
補充水分的祕訣在於有張有弛。
有些品種甚至可以一個月都不用澆水。在十分需要水的時期也只要十天澆一次即可。

POINT 1

依季節補充水分

多肉植物儲存水分在體內以生長的季節，通常就是原產地的雨季。依照不同的品種，分為夏型和冬型，補充水分的方式也不一樣。請記住適合你所種植的多肉植物補充水分的方式吧！

夏型

春天至秋天成長的品種，稱為夏型。從天氣開始變暖和的四月起，就要開始補充大量的水分。梅雨季節時，則只在連續晴朗的日子補充水分，讓土壤表面維持潮濕的程度。盛夏時，若白天補充水分，水會變成熱水，所以補充水分的時間，最好是黃昏或晚上。冬天時會進入休眠期，一個月補充一次就夠了。大多的多肉植物都屬於夏型的植物。

冬型

不耐熱的品種屬於冬型。這類品種的多肉植物從梅雨季節開始，就要減少水分的補充，而且要擺放在半日照且通風之處。夏天會進入休眠期，只要一個月一次，在涼爽的黃昏到晚上時澆水即可。過了十月之後，再慢慢開始補充水分。只是，植物在極寒期的成長十分緩慢，補充水分最好有所節制。

POINT 2

休眠期的水分補充

夏型的多肉植物休眠期是冬天（12至2月）。這段時間內補充水分的時機，便是在連續幾天比較溫暖的日子，在早上給予平常給水的三分之一水分。冬型多肉植物的休眠期是夏天（4月至8月），這段時期內補充水分的時機，則是在注意到有連續幾天比較涼爽的日子時，在晚上的時候給予平常給水的三分之一水分。

POINT 3

盆底沒有洞的盆缽 要如何補充水分

使用盆底沒有洞的盆缽（例如燒杯或玻璃杯）時，補充水分需要多一道手續。如果要補充約土壤面積一半的水分，就必須傾斜盆身，去除積存在盆底的多餘水分。這個動作能夠預防盆底的植物根部腐爛。如果讓積存的水分一直殘留在底部，會讓植物的根部腐爛，導致枯死。

🌱 繁殖 & 種植

繁殖植物雖然聽起來很難，
但其實繁殖多肉植物是很簡單的。
繁殖方法有「扦插法」、「葉插法」、「分株法」三種。
另外藉由「修剪更新」、「換盆」等方式，能夠保持多肉植物可愛的樣子。

繁殖法 1
扦插法

扦插是取切下的芽，插入土中的繁殖法。這是一般植物的繁殖法，多肉植物也能使用這種方法來進行繁殖。在插入土壤進行繁殖前，最好先將剪切下來的芽放在陰涼處，讓芽乾燥4至5日。景天屬、艷姿屬約10天後會長出根，青鎖龍屬約15至20天，千里光屬、銀波錦屬、擬石蓮屬約20天至1個月左右會長根。修剪掉的徒長的枝（軟塌細長的枝），也可以這種方式來繁殖。這是最簡單又正統的繁殖方式。

要準備的材料　●徒長的多肉植物（此次使用的是八千代）
　　　　　　　　　●乾燥的土

1 拿著芽的頭部，在葉子下方一點點的地方剪下。

2 剪下後只剩下莖的部分，讓莖自由生長，不必多作處理。

3 幾天後母株的旁邊會長出新芽。

4 摘除兩、三片剪下的幼苗下方的葉子。如果沒有摘除，被土壤覆蓋住的葉子可能會腐爛，最後導致整株幼苗都腐爛掉。

5 讓剪切下的芽切口處乾燥，這時千萬不能給水。如果將芽平放，芽會彎曲起來，變得難以栽種。可以像圖中一樣，將芽立在空的容器內，放在通風的陰涼處，使幼苗自然乾燥。

平放乾燥而彎曲的芽。

6 幾天後就會像圖中一樣長出根。

7 栽種到自己喜歡的盆缽中，就完成繁殖了。

繁殖法 2
葉插法

只要將從葉片基部取下的葉子放在土壤上，就可以生長的簡單繁殖方式。葉插法一般是將葉片插入土壤中，不過多肉植物只要放在土壤上就可以了。取葉片時，如果沒有注意從葉片基部取下，就會造成沒有成長點，長不出新芽的情形。移植或澆水時掉落的葉子也可以使用這種繁殖法，非常簡單。不過，銀波錦屬、千里光屬、擬石蓮屬等大型品種，就不建議使用這種繁殖法了。

要準備的材料 ●多肉植物的葉片（或掉下來的葉子）
●乾燥的土 ●平底的器皿

1 準備多肉植物的葉子，也可以直接使用掉下來的葉子。如果要從健壯的植物上取下葉子，請勿使用剛剛澆過水的植物，而要選擇稍微有點乾燥的，比較容易取下葉子。

2 將乾燥的土壤鋪在平底的器皿上。

3 將鋪好的土壤整平。

4 並排一片片的葉子。排列葉子時，讓葉子的正面朝上。此時葉子的前端不要插入土中，只要放在土上即可。

5 葉子全部排好後，就可以開始等待葉子冒出根或新芽了。此時要控制澆水，若從葉子的前端澆水，葉子可能會腐爛，請特別注意。另外，光線太強可能會讓植物過於乾燥，所以請移到室內。

6 幾天後，葉子長出根了，便可以開始澆水。

7 長在土壤外的根，可以鑷子將土挖出淺淺的小坑，輕輕地覆蓋土壤在根上，將根埋入小坑中。

8 再過幾天後，便會長出新芽了。而負責供給新芽養分的葉子會逐漸枯萎，直至完全乾枯。在這之前，新芽會附著在葉子上成長，當葉子完全乾枯後，就可以取下新芽了。

葉插法的
成長過程

第 **14** 天

冒出一點點新芽了。

第 **29** 天

長出根，新芽也漸漸長大。

第 **72** 天

新芽長得更大了。

第 **120** 天

長得又更大了一點。在葉子枯萎後將新芽取下，就可以移到喜歡的盆缽中了。

繁殖法 3

分株法

分株法是挖出已經成熟的植株，切分根部成為新植株的繁殖法。過度簇生或要進行移植（→P.80）時，就是理想的分株時機。這種繁殖法最適合蘆薈屬或鷹爪草屬等，可以從根部獨立出子株的多肉植物。方法是將土壤和植株從盆缽中取出，再取下子株來種植，但太小的子株是無法獨立生長的，可能會因此而枯萎。

另外，分株與扦插不同，分出來的株已經有根了，所以不須經過乾燥的過程就可以直接種入土中，經過5至10天的斷水後，就可以再度澆水。這項步驟必須在成長期而非休眠期時進行。相反的，沒有根的植株要先經過乾燥後，才能種入土中。

要準備的材料　●已經養很大的多肉植物　　●小鏟子　　　　　　●土
　　　　　　　　　●報紙　　　　　　　　　●赤玉土（中顆粒）　●喜歡的盆器
　　　　　　　　　●鑷子　　　　　　　　　●肥料

1 輕輕敲動盆缽後，從盆子的邊緣插入鑷子，由下往上取出多肉植物。

2 取出時的根的狀態（根是捲曲的樣子）。

3 以手剝落附著在根上的舊土。如果根纏在一起，可以稍微整理一下。

4 整理乾淨後的根。

5 這次要進行分株的多肉植物上有三株子株，不過這次只取一株（這株多肉植物可以分株成四份，但是子株太小容易枯萎，所以只選擇最易栽培的子株進行繁殖）。

6 輕輕地分開，不要弄傷根部。如果子株上已經有根，要小心不要讓根斷掉。

7 完成分株。如果切口太大，要先將切口乾燥一天左右再種植。

8 分別植入不同的容器後就完成了。種植的方法請參閱P.80。

POINT ｜ 分株前讓土完全乾燥，乾鬆的土壤便能輕易從根部剝落，比較容易分株。最有效率的作法，是在分株前一星期左右就開始停止澆水。要換盆或組盆時也一樣，作業前，就不再給即將拔出多肉植物的盆栽澆水。這樣一來就可以清爽地進行作業，不會弄髒手了。

種植法 1
修剪更新

多肉植物逐漸成長後，經常會失去原有的平衡之美。這時整理這些植物最簡單的方法，就是「修剪更新」。在P.76的扦插法要領中提到，不須準備土壤，只使用一支鑷子，就可以漂亮地完成扦插。因為多肉植物在乾燥時會容易長出根，所以在進行修剪作業前，最好停止澆水一星期以上。

1 組合種植的植物逐漸成長，出現了徒長的現象。

2 留下下面的葉子約三片後，從上方剪下。

3 剪下來的部分如果太長，就再剪短。

4 摘除下面的葉子，這樣比較容易插入土中。

5 摘除下面的葉子後的模樣。如果不摘除下面的葉子就直接栽種，葉子會腐爛，導致整株枯萎。

6 其他的多肉植物也作相同的處理。

7 以鑷子夾起莖，將莖插入土中。

8 注意植物的平衡感，依喜歡的配置將植物插入土中。

9 完成。插入土中10天內不要澆水。以手輕輕碰一下植物，如果很穩固，表示已經長根，接下來就可以按照正常的方式來照顧植物了。

POINT

修剪更新、扦插、剪除母株時，常常會不清楚該從哪邊剪。判斷的重點在於要讓植物上下都能生長，所以要保留一定的大小。小型的植物要特別注意，如果太小時，含水量會太少，導致根和新芽長出前就枯死。基本上是留下下面約三片葉子，剪掉上面部分。大型植物則是衡量平衡度來修剪。

種植法 2
換盆

盆缽內的植物種了數年後，因為子株不斷成長，盆缽便顯得太小了。而且，根繞著盆容易生病，所以這時就應該換一個大一點的盆了。換盆移植時請避開夏天或冬天，請在春天或秋天等涼爽的季節進行。

要準備的材料
- ●報紙
- ●鑷子
- ●小鏟子
- ●土
- ●赤玉土
- ●喜歡的盆器
- ●肥料

1 準備一個比現用的盆缽更大的容器。

2 將要換盆的植物放進新盆中看看，確定種好後的樣子。

3 放入赤玉土，高度約盆的三分之一高。

4 加入土壤覆蓋赤玉土，同時加入一搓肥料當作基肥。

5 試放植株，決定植株的高度。如果植株顯得低了，就添加土壤的量。

6 決定好高度後，放入植株。一手扶著植株，一手從周圍添加土壤。

7 添完土後，手扶著植株，輕敲盆的四周，讓土壤填滿盆內空隙。注意植物的平衡，適量添加土壤。

8 鋪放化妝石作裝飾。

9 澆水，完成。

POINT 一般換盆指的是將植物移植到更大的容器中，不過也不一定要移到更大的盆缽裡。雖然植物長得太密集時，就必須移植到大盆缽中，但如果還要種在同樣的盆缽裡，可以將拔出來的根整理乾淨，放入新的土，重新種植。植物大約1至2年換盆一次就可以了。

多肉植物圖鑑

本篇以圖鑑的形式，來介紹本書登場的植物和

建議用來作造景盆栽的多肉植物及仙人掌。

屬名及特色都有詳細列出，

可以當作製作造景盆栽時的參考。

麗盃閣

外型奇異，會綻放芳香花朵的奇妙植物

火地亞屬

原產國：納米比亞・安哥拉南部
繁殖法：胴切法

成長期需要充分的陽光和水。因為不耐
寒，冬天要停止給水，並移至室內的窗邊
等處。如果光照不足，前端會變細，成長
期時千萬不要忘記給予充足的陽光。

許多品種的葉子前端都有天窗構造

鷹爪草屬

原產國：南非
繁殖法：分株法

適合種在陽光柔和而非強烈的地方。如果
葉子變成褐色，可能是水分太少或陽光太
強了。一邊觀察植物的狀況，一邊調整水
量和日照吧！當葉片長得比原本的樣子多
時，就是水澆太多或日照不夠的警訊。

十二之卷

寶草

姬玉露

十二之爪

曲水之宴

赫爾瑪

鼓笛

外型肥厚可愛，形象優雅的品種

星美人屬

原產國：墨西哥
繁殖法：葉插・扦插

星美人屬是幾乎一整年都可以栽種的品
種，隨時都能進行移植換盆的作業，不畏
寒暑，是很容易栽種的植物。但是因為葉
子肥厚，成長的速度比較緩慢，所以培育
時要有耐心。整年都可以澆水，並要有充
足的日照。

葉美人（longifolium）

千代田之松（compactum）

長葉千代田之松

紫麗殿

回顏美人

朧月

千代田之松

超級好栽種！

蘆薈屬

原產國：南非
繁殖法：扦插，分株

大多是生命力強的品種，栽培相對簡單。需
要注意不能澆太多水，但如果水太少，葉尖
會有枯萎的情況，長出來的樣子就不好看
了。使用扦插法就可以簡單的繁殖，但要避
免在炎熱的季節進行。

拍拍（Dentiti）

琉璃姬孔雀

第可蘆薈

大羽錦

卷絹

由許多葉子構成美麗的蓮座

長生草屬

原產國：歐洲
繁殖法：分株

耐寒力強，可以長年養在屋外。屋內容易
有日照不足的問題，所以比較適合種在屋
外，給予它充足的日照。特色是會一株株
地增加，群生在一起。

能以葉插法不斷繁殖！

朧月屬

原產國：墨西哥
繁殖法：葉插・扦插

不畏寒暑，相當好種植。成長迅速，很快
就能夠爬地繁殖。若有充足的日光照射，
秋天就能看到漂亮的紅葉。植株如果長得
太大了，可以修剪後再扦插，會長得更漂
亮。

姬朧月

秋麗

花朵般的模樣非常美麗

擬石蓮屬

原產國：非洲
繁殖法：扦插・播種

喜歡陽光，所以要給予充足的日照。生長
的速度快，下側的葉子很快就會枯萎，若
不勤快地清除枯葉，則會發霉、枯死。不
耐夏天的悶熱暑氣，夏天時要放在通風
處，並且要斷水，為它們遮點光。

白牡丹

黛比

花司

Giant Blue

桃之嬌

古紫

女雛

大和美尼

白閃冠

粉紅佳人

瑪格麗特

艾格力旺

Gold Manii

立田

法雷

金色光輝

月影

普雷林斯

初戀

玉蝶

花麗

靜夜

迷你蓮

蘿拉

推薦給喜歡個性派多肉的人

大戟屬

原產國：非洲
繁殖法：扦插・播種

不耐高溫，要避免在盛夏時修剪或換盆。
扦插剪芽時，會流出汁液，以水洗掉切口
上的乳汁後，再進行扦插。

峨嵋山

珊瑚大戟

怪魔玉

擁有美麗的銀綠色葉子

千里光屬

原產國：南非
繁殖法：扦插

喜歡冷涼的氣候，換盆或繁殖請在秋天進行。特別是樹型種，夏天是不會長根的。像綠之鈴這樣的藤蔓性品種，夏天時要放在陰涼的地方培育。整年都可以澆水，盛夏時注意不能斷水太久。

美空鉾

綠之鈴

素雅的姿態相當受歡迎

天錦章屬

原產國：南非
繁殖法：葉插・扦插

不耐熱，夏天時要放在通風良好的遮蔭處。只要減少澆水就可以輕鬆地度過夏天。休眠期會完全進入休息狀態，停止成長，所以成長期要多補充水分，讓它茁壯成長。

櫻吹雪

松蟲

神想曲

有著美麗紅葉的品種

景天屬

原產國：墨西哥
繁殖法：葉插・扦插

幾乎所有的品種都很耐寒，特別是矮生種（萬年草系列），可以長年養在屋外。

喬伊斯塔洛克（Joyce Tulloch）

天使之雫

虹之玉

新玉綴

玉葉

千兔耳

乙女心

虹之玉錦

樹冰

八千代

白石

小酒窩

大唐米

黃金圓葉萬年草

姬星美人

春萌

葉子呈十字形層疊,擁有美麗的紅葉

青鎖龍屬

原產國:南非・東非
繁殖法:扦插

青鎖龍屬不耐熱,最好在冬天栽植,夏天
則不要給水,並放在通風良好的地方。夏
天時不要放在密閉的室內,放在陽台的遮
蔭處比較好。不喜悶熱的氣候,最好到秋
天再進行扦插繁殖。

雨心

黃金花月

小銀箭

姬星

十字姬星美人

火祭

夢椿

小圓刀

銀盃

有許多奇妙特別的品種！

伽藍菜屬

原產國：馬達加斯加 ‧ 南非
繁殖法：葉插 ‧ 扦插

大多在冬天開花，所以盡量在溫暖的環境
下照顧。溫度高的時候會像花草般順利地
生長，但到了冬天就會一下子停止成長。
下霜前，請記得一定要將植物移到室內。

千兔耳

月兔耳

福兔耳

黑兔耳

樹形奇特，不會長葉子的品種

絲葦屬

原產國：巴西
繁殖法：莖插

整年都要充分地給水，不能斷水，尤其春
天至秋天是成長期，特別需要補充水分。
如果日照太弱會長得很細，所以要給予充
足的日照。整年都不會長葉，不用擔心。
到了初春，莖的前端會開黃色的小花。

猿戀葦

兔子般的可愛外型，很有人氣！

仙人掌屬

原產國：美國
繁殖法：莖插・播種

不畏寒暑，很好栽植。通常是連接在一起的球狀，如果長得像棒子一樣細細長長，就表示日照不足。可以將棒狀的部分修剪掉，移動到日照充足的地方。在2月進行莖插繁殖最好。

象牙團扇

武藏野

青海波

黃棘象牙團扇

附生在樹上，向下垂落的仙人掌

葦仙人掌屬

原產國：巴西
繁殖法：莖插

喜歡水。莖如果軟趴趴的沒有彈性，就表示水分不夠。如果不注意會容易長出細根，導致根枯萎，葉子會一片片掉落。整年都要澆水，特別是春天至夏天的成長期，要給予充足的水分。

形狀像牙齒的奇特多肉植物

肉錐花屬

原產國：南非
繁殖法：扦插・播種

成長期不要斷水，休眠期則必須完全斷水。九月時進行移植的工作，可以幫助植物長得更快。若要分株繁殖，剪切時要注意不要傷到莖。在育成過程中，要盡量讓植物照到陽光。

青柳

祝典

容易開花，娛樂性十足的仙人掌

銀毛球屬

原產國：墨西哥
繁殖法：播種

比較不畏寒暑，容易栽培的品種。有充足
的日照，如果不斷水而充分給水，成長會
很快，能夠長出鮮活美麗的尖刺。比較小
型的品種也會開花，但如果日照不足，花
就會開不起來，所以整年都要讓它充分地
享受日光浴。

白星

金手指

棘黃金司

耐寒且容易栽植的塊根植物

粗根樹屬

原產國：南非
繁殖法：播種

整年都要充分給水。如果日照太弱，葉子
和葉子間就會拉開空隙，變得有氣無力的
樣子，所以要給予充足的陽光。令人訝異
地耐寒，在日本關東地區，即使放在室外
也可以平安度過冬天。它是往上生長的類
型，所以要時常修剪，保持樹形。

有著細小尖刺和簡約外型的美麗柱形仙人掌

龍神柱屬

原產國：墨西哥
繁殖法：胴切・播種

不畏寒暑，相當好栽種的品種。整年都要
補充水分。尤其是春天至夏天的成長期，
要給予充足的水分和陽光。如果日照不
足，前端會變得又細又軟並往下垂倒，所
以要讓它充分地曬日光浴。

福祿龍神木

祖魯恩西斯

覆蓋著白色絨絨細毛的仙人掌

白裳屬

原產國：祕魯
繁殖法：胴切・播種

表面覆蓋一層白色的細毛，常常讓人擔心到底是枯萎了還是好好地活著，不過別擔心，它是生命力強韌，很容易栽植的長柱型仙人掌。不耐盛夏悶熱的氣候，夏天必須謹慎照顧，放在通風良好的地方，斷水並常年給予充足的陽光。

老樂柱

越天樂

幻樂

花朵碩大又美麗！

蝦仙人掌屬

原產國：墨西哥・美國
繁殖法：胴切・播種

非常愛水的仙人掌。如果日照不足，就會立刻徒長衰弱，全年都要充足地給予水分。冬天充分地曬太陽、減少給水，植株會變得瘦瘦皺皺的，不過到了春天會比較容易開花，可以試試看。

紫太陽

進化成像石頭般的擬態植物

石頭玉屬

原產國：南非
繁殖法：扦插・播種

怕悶熱，所以盡量放在通風良好、涼爽的地方照顧。成長期是從秋天跨到春天，這時必須要給予充足的水分讓它成長。若日照不足，會造成莖徒長衰弱，最後枯死。

橄欖玉

福來玉

長柱型仙人掌的代表品種

仙人柱屬

原產國：阿根廷
繁殖法：胴切

生命力強，很好栽種。很耐寒，只要讓它習慣，也可以放在屋外過冬。春天至秋天溫度較高的季節是它的成長期，要給予充足的水分和日照，它會明顯的長高。

牙買加天輪柱

外型是扁球形，花朵碩大美麗

裸萼球屬

原產國：墨西哥
繁殖法：實生

常年都需要充足的日照，比起其他仙人掌科的植物，需要更多水分。雖然耐熱耐寒，很好栽植，但也很容易長蟲，必須常常驅蟲。盛夏陽光直射的話會造成曬傷，要放在稍微有遮蔭的地方照顧。

體型碩大的球型仙人掌

仙人球屬

原產國：墨西哥
繁殖法：播種

不畏寒暑，容易栽植的品種。放在能夠照到充足日光的地方，尖刺會長得很美麗，若冬天斷水，會比較容易開花。因為外型是球形，如果放在窗邊，要記得定期轉動一下盆缽，讓它每個地方都能照到陽光。

金晃丸

花朵碩大美麗的品種

麗花球屬

原產國：南美
繁殖法：胴切・播種

不畏寒暑，容易栽植的品種。非常耐寒，冬天放在屋外也可以平安過冬。雖然能夠開出漂亮碩大的花朵，但沒有經過低溫氣候，就會很難開花。冬天也要給予充足的日照，並且斷水。

豔鶴丸

緋花玉

國家圖書館出版品預行編目 (CIP) 資料

sol × sol の懶人多肉小風景 · 多肉 × 仙人掌迷
你造景花園 / 松山美紗著；陳妍雯譯 . -- 初版 . --
新北市：噴泉文化館出版 , 2016.10
　面；　公分 . -- (自然綠生活；14)
ISBN 978-986-92999-9-2 (平裝)

1. 仙人掌目 2. 栽培
435.48　　　　　　　　　　　　105018485

| 自然綠生活 | 14

sol × sol の懶人多肉小風景
多肉 × 仙人掌迷你造景花園

作　　　者／松山美紗
譯　　　者／陳妍雯
發　行　人／詹慶和
總　編　輯／蔡麗玲
執行編輯／劉蕙寧
編　　　輯／蔡毓玲 · 黃璟安 · 陳姿伶 · 李佳穎 · 李宛真
封面設計／周盈汝
內頁排版／Akira
美術編輯／陳麗娜 · 韓欣恬
出　版　者／噴泉文化館
發　行　者／悅智文化事業有限公司
郵政劃撥帳號／ 19452608
戶　　　名／悅智文化事業有限公司
地　　　址／新北市板橋區板新路 206 號 3 樓
電子信箱／ elegant.books@msa.hinet.net
電　　　話／ (02)8952-4078
傳　　　真／ (02)8952-4084

2016 年 10 月初版一刷　定價 380 元

Boutique Mook No.1219
sol x sol no Taniku Shokubutsu · Saboten no Hakoniwa
© 2015 Boutique-sha, Inc.
All rights reserved.
Original Japanese edition published in Japan by BOUTIQUE-SHA.
Chinese （in complex character） translation rights arranged with
BOUTIQUE-SHA
through KEIO CULTURAL ENTERPRISE CO., LTD.

經銷／高見文化行銷股份有限公司
地址／新北市樹林區佳園路二段 70-1 號
電話／ 0800-055-365　傳真／（02）2668-6220

松山美紗

多肉植物品牌sol×sol的創意總監。1978年生於埼玉縣，曾有花藝設計的經驗，後來受到多肉植物的魅力吸引，便轉而全心投入多肉植物的世界。曾師事「仙人掌諮詢室」的仙人掌藝術家羽兼直行，現在已經獨立。著有《懶人最愛的多肉植物&仙人掌》、《sol × solの懶人花園 · 與多肉植物一起共度的好時光》（以上皆為噴泉文化出版）。

多肉植物專門品牌sol × sol
以「～多肉與微笑～」為宗旨，推廣以雜貨風格培育多肉植物的店。除了本書作者松山小姐所培育的各種可愛多肉植物之外，還有栽培多肉植物需要的工具及肥料、各式各樣能夠改變多肉盆栽表情的小裝飾品等，品項非常齊全。
http://www.solxsol.com

STAFF

書籍設計／長宗千夏
攝影／原田真理
編輯／丸山亮平
編輯協力／BABO

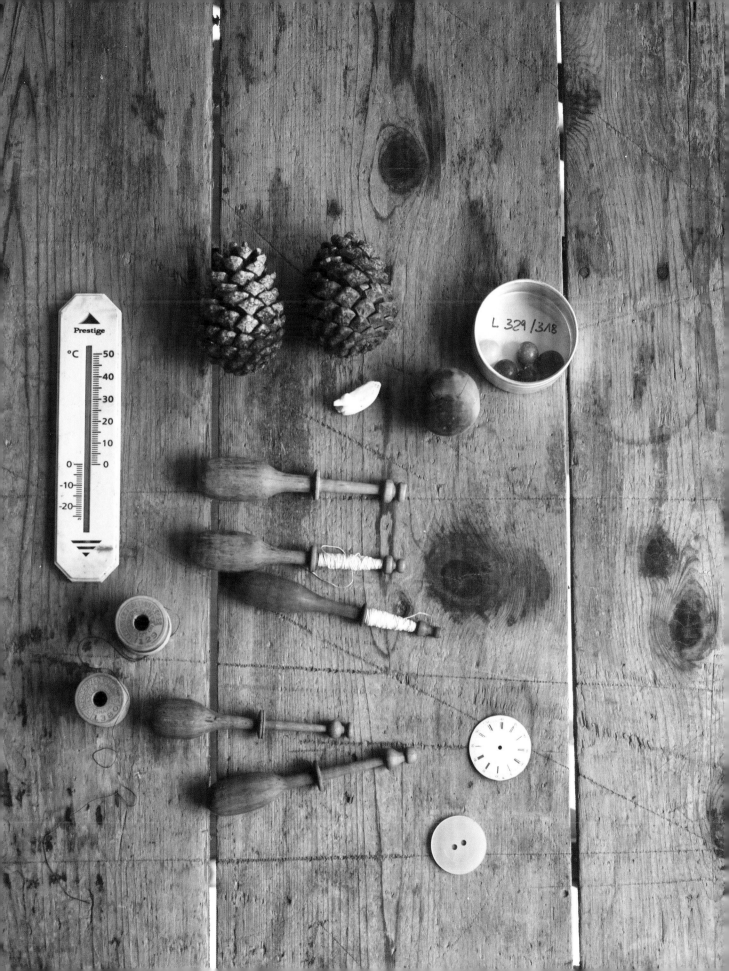